S0-ANQ-956

Estructuras de la vida

Desarrollado por
Lawrence Hall of Science
University of California at Berkeley

Publicado y distribuido por **Delta Education**

ISBN 1-58356-076-9
542-0623

1 2 3 4 5 6 7 8 9 10 09 08 07 06 05 04 03 02 01 00

TABLA DE CONTENIDO

¡LAS SEMILLAS ESTÁN DONDEQUIERA!

Nuez

Una semilla contiene el secreto de la vida nueva. Las plantas nuevas crecen de las semillas.

Arroz

Las semillas vienen en tamaños y formas muy diferentes. Algunas son pequeñas, mientras que otras son grandes y pesadas. Algunas semillas, como las del arce, tienen alas. Otras, como las de la enredadera de cardos, tienen penachos peludos. Las alas y los penachos peludos hacen la función de paracaídas para ayudar a que las semillas viajen por el aire.

Bellotas

Maíz

Todas las semillas pueden convertirse en plantas nuevas, cualquiera que sea su tamaño y figura. Las semillas comienzan dentro de las flores.

Una fruta se desarrolla con frecuencia alrededor de la semilla para protegerla. Por ejemplo, en las habichuelas, se forma una vaina alrededor de las semillas. Luego, se rompe la vaina y las semillas caen a la tierra. Ahora están listas para crecer como plantas nuevas. Esto es sólo un ejemplo. ¿Recuerdas otro ejemplo?

Fresa

Trigo

Guisantes

Calabacín

Semillas que se comen

Las semillas no son sólo para formar plantas nuevas. ¡También sirven como fuente alimenticia!

Muchos animales comen semillas como parte de su dieta. Algunos animales que comen semillas son: las ardillas, los pájaros, los ratones, los osos y los tejones.

Las semillas son una fuente alimenticia importante para las personas en todo el mundo. ¿Alguna vez comiste semillas de girasol o semillas de calabaza? Es probable que hayas comido almendras, maníes o nueces. Cuando comes nueces, estás comiendo semillas. Siempre que comas granos como el arroz, trigo, avena o maíz, también estás comiendo semillas. Las nueces y los granos son muy saludables. Contienen vitaminas, minerales, carbohidratos y proteínas.

Una semilla desarrolla la misma clase de planta de la cual procede. Cuando una semilla comienza a crecer se llama *germinación*. Primero, una raíz pequeña sale de la semilla. La raíz crece hacia abajo dentro de la tierra. Recoge el agua que la planta nueva necesita para crecer. Después nace de la semilla un retoño o tallo. Crece hacia la luz. Pronto le nacerán hojas al tallo. La semilla ahora es una planta nueva.

Las semillas tienen tres partes principales que son: el *embrión*, la *cubierta de la semilla* y el *cotiledón*.

monocotiledónea

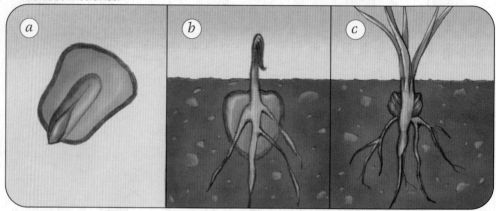

dicotiledónea

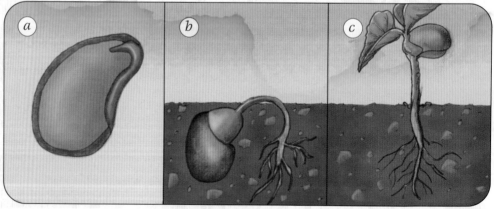

a El **embrión** es la parte de la semilla que se convierte en planta. Incluye la raíz, el tallo y las hojas.

b La segunda parte de una semilla es la **cubierta de la semilla.** Esta capa exterior fuerte protege la semilla de daños y no permite que se seque. La cubierta de la semilla se cae a medida que la semilla comienza a germinar.

c La comida se almacena dentro de la semilla en los **cotiledones.** Las semillas pueden tener uno o dos cotiledones. Una semilla que tiene un cotiledón, como el maíz o la cebada, se llama **monocotiledónea.** Una semilla que tiene dos cotiledones, como el frijol, es una **dicotiledónea.**

Semillas viajeras

Algunas semillas caen en el suelo cerca de la planta. Allí crecen como una planta nueva. Pero no es bueno que todas las semillas se queden en el mismo lugar. Si así fuera, las plantas estarían muy amontonadas y no tendrían suficiente alimento ni agua. De modo que, las semillas tienen diferentes maneras de viajar.

El viento lleva muchas semillas a otros lugares. Éstas pueden viajar muchos kilómetros antes de caer en la tierra.

El agua también puede llevar las semillas a lugares nuevos. Si una semilla cae en un riachuelo, la corriente del agua puede llevarla a un nuevo lugar río abajo. Algunas veces, la lluvia fuerte puede llevar una semilla a un lugar nuevo. El coco es el viajero por agua más famoso. La capa exterior del coco está a prueba de agua. Dentro de la capa hay aire y fibras que lo ayudan a flotar. Muy adentro del coco, está la semilla de una planta nueva. Los cocos caen de los árboles cuando están maduros. Algunas veces ruedan hasta el agua, y el agua los lleva a lugares nuevos. Después de un tiempo, la cubierta a prueba de agua se gasta. Luego, la semilla puede germinar en una planta nueva.

También los animales esparcen semillas. Las ardillas entierran bellotas, nueces nogal y maníes para comer durante el invierno. Pero nunca encuentran todas las semillas que enterraron. Algunas de las semillas que pierden se convierten en plantas nuevas. Los pájaros y otros animales comen muchas frutas. Las semillas en las frutas pasan a través del sistema digestivo de los animales. Entonces las semillas dejan el cuerpo del animal en el excremento.

Algunas semillas tienen ganchos muy afilados o cardas que pueden pegarse a la piel de un animal o a la ropa de una persona. Esta es otra manera en que las semillas viajan a lugares nuevos.

Una ardilla roja alimentándose en el invierno

3

LA SEMILLA MÁS IMPORTANTE

Para crecer, el arroz necesita mucha humedad y un ambiente cálido.

¿Sabías que una clase de semilla de yerba es el alimento principal de casi la mitad de los habitantes del mundo? Este alimento es el arroz.

El arroz fue una de las primeras cosechas que se *cultivaron*. En efecto, se ha cultivado en Asia por lo menos durante ¡8,000 años!

El arroz se cultiva en muchas partes del mundo. Los mayores productores son China y la India. Estados Unidos, Europa y Australia también cultivan arroz.

El arroz se cultiva en terrenos inundados que se llaman *arrozales*. El arrozal se inunda con lluvia o por irrigación. Después, las semillas se siembran en el terreno inundado. La inundación le da al arroz la humedad que necesita para crecer. También mata la yerba mala y los insectos que pueden hacerle daño a las plantas. El terreno se mantiene inundado de agua hasta que faltan 2 ó 3 semanas para recogerse. Luego, el arrozal se seca y se cosecha el arroz. El arroz demora casi 6 meses para crecer.

En Estados Unidos, los campesinos que cosechan arroz usan aeroplanos para sembrar las semillas de arroz. Cuando el arroz está listo para cosecharse, una máquina muy grande llamada *cosechadora* hace el trabajo. Pero en algunas partes del mundo, las personas tienen que hacer el trabajo manualmente. A menudo, usan animales que los ayuden. En Asia usan bueyes y el búfalo de agua para halar máquinas cosechadoras sencillas.

Bueyes arando un arrozal en Asia

¿Has oído hablar del arroz blanco y del arroz integral? Estos tipos de arroz tienen colores diferentes. El arroz integral es oscuro porque tiene *salvado*. Salvado es la parte exterior dura que cubre el grano. El arroz blanco se le ha quitado el salvado. El arroz integral tiene más vitaminas y fibras que el arroz blanco.

Alrededor del mundo, el arroz se cocina de muchas maneras. En Italia, se come como *risotto*, una mezcla cremosa de arroz, queso y vegetales. En Japón, el pescado crudo se sirve con arroz pegajoso para hacer *sushi*. Los españoles disfrutan la *paella*, arroz mezclado con carne, mariscos, vegetales y especias. Los británicos y los americanos disfrutan el pudín de arroz para el postre. Muchos americanos comen cereales de arroz tostado en el desayuno o endulzados, para merendar, como pastel de arroz tostado. De cualquier forma que lo prepares, ¡el arroz es bueno para ti!

Variedades de arroz

Por lo menos, hay 1,300 tipos de arroz. Cada uno tiene su forma, color y sabor.

Un tipo de arroz se llama *grano largo*. El arroz de grano largo es seco y desgranado cuando se cocina. Otro arroz es de *grano corto*. El arroz de grano corto es más pegajoso que el arroz de grano largo. Sin embargo, no hay diferencia nutritiva.

BARBARA McCLINTOCK

¿Alguna vez has creído firmemente en algo? ¿Aunque todos te dijeran que tu idea es tonta o simplemente que estás equivocado? Una científica llamada Barbara McClintock encaró ese problema durante gran parte de su vida. Pero nunca dejó de creer en lo que sabía que era verdad.

Barbara McClintock nació en Hartford, Connecticut, en 1902. Desde niña, a Barbara le gustaba hacer las cosas a su manera. Disfrutaba de todos los deportes. Su pasatiempo favorito era jugar pelota con los muchachos del vecindario. Barbara era la única niña en el equipo de los niños. Sabía que los varones no querían que ella jugara con ellos. Pero a Barbara no le importaba lo que pensaban las otras personas. Siguió jugando porque quería jugar.

A los padres de Barbara no les importaba que ella fuera diferente a la mayoría de las niñas de esa época. La apoyaron en casi todo lo que quería hacer.

Barbara era muy aplicada en la escuela. Cuando se graduó de la escuela secundaria, quiso ir a la universidad. En aquellos días, la mayoría de las muchachas no asistía a la universidad. Pero el padre de Barbara decidió que ella debía ir. Enseguida Barbara se matriculó en el Colegio de Agricultura de la Universidad de Cornell, en Ithaca, Nueva York. Allí estudió las plantas y cómo cosecharlas.

Barbara McClintock

6

A Barbara le encantaba la vida universitaria. Tocaba en una banda de jazz. Fue presidenta de las mujeres del primer año. Y también le encantaba estudiar. Al poco tiempo, se concentró en sus estudios. Se interesó especialmente en el área de la *genética*.

Barbara decidió ser una *geneticista*. Un geneticista es un científico que estudia cómo se heredan las características de una generación a otra. Barbara pasó la mayor parte de su tiempo estudiando las características del maíz. Estudió su color, tamaño y textura. Sembró campos de maíz y estudió los granos de maíz. Al estudiarlos, podía decir qué características se pasaron mediante la semilla del maíz.

Una mazorca de maíz

A pesar de trabajar tanto, a McClintock le fue muy difícil encontrar trabajo después que se graduó de Cornell en 1927. En aquel entonces, a las mujeres no se les consideraba con seriedad como científicas. Dio clases en Cornell durante un tiempo. Sin embargo, la universidad no le daba un trabajo permanente a una mujer. Entonces, McClintock hizo investigaciones y enseñó en varias universidades.

En 1931, McClintock hizo un descubrimiento importante. Ya los científicos sabían que cada cosa viva contiene un manojo de mensajes que dicen qué clase de animal o planta es y cómo debe ser. Estos manojos se llaman *cromosomas*, y los mensajes se llaman *genes*. Los científicos pensaban que si un gene estaba localizado en cierto cromosoma, siempre se quedaría allí. Pero McClintock descubrió que eso no era cierto. Hizo muchos experimentos. Estos experimentos le mostraron que los genes podían *cruzar*, o moverse, de un cromosoma a otro. Cruzar quiere decir que podían existir una mayor variedad de características.

Con frecuencia McClintock ignoró las reglas de las escuelas donde trabajó. Si la cosecha veraniega del maíz no estaba lista cuando la escuela comenzaba en el otoño, ella no se presentaba a trabajar.

Cosecha de maíz

Ella era impaciente con cualquiera que no entendiera su trabajo. Con frecuencia habló acerca de la falta de oportunidades para las mujeres científicas.

En 1941, McClintock obtuvo un puesto de investigación en el Laboratorio Cold Spring Harbor, en Long Island, en Nueva York. Allí se quedó por el resto de su vida. En el laboratorio de Cold Spring Harbor, McClintock tenía libertad de hacer las investigaciones que tanto le gustaban. A menudo trabajaba 80 horas a la semana.

McClintock presentó algunos de sus descubrimientos en una reunión en 1951. En 1952, publicó un artículo sobre su trabajo. ¡Pero nadie le prestó atención! La mayoría de las personas no entendieron a lo que ella se estaba refiriendo. Otros sencillamente no la creyeron. Al principio, McClintock estaba desilusionada y sorprendida por la reacción que obtuvo. Pero pronto volvió al trabajo. De nuevo, no le importó lo que pensaran las personas. Ella sabía que tenía razón.

Aunque McClintock ganó varios premios, su trabajo nunca fue ampliamente reconocido. Esto comenzó a cambiar en 1970. Para entonces, los científicos tenían a su disposición tecnologías nuevas para estudiar las ideas de McClintock. Éstas probaron lo que ella sabía que era cierto desde 1951. Pasaron más de 25 años desde que ella habló por primera vez acerca de sus ideas.

Por último, otros científicos aceptaron la teoría de McClintock. Ella recibió muchos honores y premios. En 1983, a la edad de 81 años, recibió el Premio Nobel por fisiología o medicina.

Barbara McClintock continuó trabajando hasta su muerte en 1992 a la edad de 90 años. Siempre fue muy independiente y segura de sí misma. Nunca se amargó con motivo de los años en que fue ignorada. "Si sabes que tienes razón, no te preocupes", decía ella.

El rey Gustavo de Suecia presenta el Premio Nobel a Barbara McClintock.

PREGUNTAS DE EXPLORACIÓN

¿Cuáles son algunas cosas que hicieron que Barbara McClintock fuera una buena científica?

¿Por qué crees que demoraron tanto tiempo en aceptar las ideas de McClintock?

¿Si le pudieras hacer una pregunta a Barbara McClintock acerca de su trabajo, qué le preguntarías?

CRECIMIENTO HIDROPÓNICO

Es probable que hayas visto una planta en un jardín o en una maceta. Las plantas en el jardín y en la maceta se cultivan en la tierra. La tierra provee sustancias nutritivas para las plantas. ¿Pero sabías que las plantas también pueden cultivarse sin tierra? Cultivar plantas sin tierra se llama *hidroponía*.

El cultivo hidropónico no es nuevo. Comenzó a desarrollarse a mediados de los años 1800. El cultivo hidropónico se hizo popular durante la década de 1930. Por ese tiempo, los científicos estaban experimentando para encontrar diferentes formas de proveer nutrición a las plantas.

Hay dos tipos principales de cultivo hidropónico. Uno se llama *cultivo en agua*. El otro se llama *cultivo agregado*. En ambos métodos, las semillas brotan y crecen exactamente igual que si se cultivaran en la tierra. ¡Pero los jardines de cultivo hidropónico se ven muy diferentes a los jardines normales!

En el cultivo hidropónico, las plantas se cultivan con sus raíces en el agua. Esta agua contiene sustancias nutritivas. Las raíces absorben el agua y las sustancias nutritivas. Pero como no hay tierra, las raíces no pueden sostener la planta en alto, como pasaría en la tierra. En su lugar, las plantas deben sostenerse desde arriba con varillas de metal.

En el cultivo agregado, las raíces de las plantas se colocan en arena o guijarro. Esto ayuda a las raíces a sostener la planta. En la arena o guijarro se echa una solución que contiene las sustancias nutritivas. Esta solución se bombea desde abajo o se riega desde arriba.

¿Por qué se quiere cultivar plantas sin tierra?

Información breve
¿Sabías que...?

■ La semilla más grande es la fruta de la gran palma abanico. Puede pesar tanto como 20 kilogramos (44 libras). Esta semilla se conoce comúnmente como el coco doble. Crece en las Islas Seychelles del Océano Índico.

■ Las semillas más pequeñas vienen de un tipo de orquídea tropical. Mil millones de semillas pesan solamente 1 gramo.

■ En julio de 1954, se encontraron algunas semillas de lupinos árticos congeladas en el Arroyo Miller en el territorio Yukón de Canadá. En 1966, se plantaron estas semillas. Las semillas se convirtieron en plantas. Luego los científicos descubrieron que las semillas tal vez eran de alrededor del año 13,000 a de C. ¡Esto significa que tenían casi 15,000 años de edad!

*Los tomates se cultivan en
cultivo agregado*

*Flores cultivadas en cultivo hidropónico
en el Lago Inle en Myanmar
(antes conocido como Burma)*

Una razón es que el cultivo hidropónico ayuda a los científicos a estudiar las plantas. Los científicos pueden cambiar las cantidades y tipos de nutrientes para ver qué combinaciones hacen que las plantas crezcan mejor.

El cultivo hidropónico también es una buena forma de cultivar plantas en áreas donde la tierra no es buena para ellas. Por ejemplo, el cultivo hidropónico se ha usado para cultivar tomates y pepinos en los desiertos de los países árabes. También se puede usar en lugares donde no hay tierra. Las plantas se pueden cultivar en barcos o en áreas cubiertas de hielo como en la Antártida. ¡Hasta se pueden cultivar en una estación espacial a cientos de kilómetros de la Tierra! El cultivo hidropónico es un gran ejemplo de cómo los métodos de alta tecnología pueden hacer algo tan sencillo como sembrar una semilla en una forma completamente nueva.

SEMILLAS EN EL ESPACIO

5 de marzo de 2,132

Catalina López suspiró al mirar al exterior a través de la ventana sellada de su dormitorio. Afuera había una hermosa vista de un cielo negro lleno de miles de estrellas. Pero Catalina no quería ver estrellas. Quería ver yerba y árboles. Quería ver la Tierra.

Hacía unos días, Catalina y sus padres habían llegado al Centro Espacial Nuevo Mundo en el planeta Marte. Todos allí eran muy agradables. Pero Catalina no se sentía en casa. En lugar de una casa, vivían en unas habitaciones pequeñas. En lugar de jugar pelota en un campo al aire libre, Catalina veía a los niños jugar en un patio de recreo encerrado. Peor aún, no había olor a flores ni jardines bonitos que ver. En la Tierra, Catalina y su papá cuidaban las plantas del jardín. Pero durante los días desde que llegaron al Nuevo Mundo, ella no había visto nada verde excepto la espinaca en su plato de comida.

Catalina oyó que tocaban a la puerta. "Hola, Catalina. ¿Estás bien?", preguntó Daniel Mesa. En la escuela, Daniel se sentaba al lado de Catalina y se habían hecho buenos amigos.

"Estoy bien", contestó Catalina tratando de sonreír. "Pero estoy extrañando un poco mi casa".

"Te comprendo", le dijo Daniel. "El año pasado, cuando mi familia llegó aquí, ¡pasé una semana sin poder dormir! Pero aquí hay muchas cosas divertidas que hacer. ¿Qué es lo que más extrañas de la Tierra?"

"Los jardines", dijo Catalina enseguida. "No me acostumbro a un lugar donde no hayan plantas ni flores".

"¡Pero aquí hay plantas!" le dijo Daniel sorprendido. "Hay una huerta completa en el otro lado del centro espacial. Ven y te las enseñaré".

A Catalina no hubo que repetírselo. En un segundo, estaba caminando para seguir a Daniel por el pasillo. Los dos caminaron hasta llegar a una puerta que decía *Laboratorio hidropónico.*

"¿Laboratorio hidropónico?" dijo Catalina. "No me parece que esto sea una huerta".

"Mira", dijo Daniel mientras abría la puerta para entrar.

Catalina no podía creer lo que veía. La habitación estaba llena de tanques. Cada tanque contenía varias plantas. Algunas de ellas se parecían a las que Catalina cultivaba en su casa. Otras eran completamente diferentes.

Catalina se paró frente a un tanque para verlo de cerca. "¿Qué clase de huerta es ésta?" preguntó. Las plantas pequeñas se sostenían por unas varillas finas de metal. Los tanques estaban llenos de agua, no de tierra. Catalina podía ver las raíces de las plantas.

"No entiendo", dijo Catalina. "¿Cómo pueden cultivar plantas sin tierra? ¿Por qué hay pedazos de metal para aguantar las plantas? ¿Y qué es ese ruido?" El aire estaba lleno del zumbido de máquinas y el gorgoteo de agua burbujeante.

"No necesitamos tierra para cultivar plantas en un jardín hidropónico", explicó Daniel señalando una máquina al lado del tanque. "Estas plantas se cultivan en agua. *Hidro* significa agua. El ruido del zumbido viene de bombas como éstas que bombean aire y sustancias nutritivas en los tanques".

"¿Por qué?" preguntó Catalina. "En mi huerta yo no tenía bombas".

Daniel no le contestó enseguida. En lugar de esto, saludó a un niño y a una niña que estaban parados cerca del tanque en la próxima mesa. "Allá están Pedro y María. Ellos están haciendo un proyecto hidropónico para la escuela. Vamos a preguntarles acerca de todas estas cosas".

Catalina y Daniel se reunieron con los otros niños. "Catalina nunca había visto un jardín hidropónico", explicó Daniel. "Ella quiere saber cómo podemos cultivar plantas sin tierra".

Pedro se sonrió. "Aunque no tenemos buena tierra en Marte, es importante tener plantas aquí. Las plantas proveen alimentos para que nosotros comamos".

"Como espinacas", dijo Catalina recordando la comida.

"Las plantas también brindan oxígeno", agregó Daniel. "Las plantas dejan escapar oxígeno al aire. Las personas y animales necesitan respirar oxígeno".

"Correcto", agregó Pedro. "Por eso tenemos que cultivar plantas sin tierra. La tierra hace dos cosas para la planta. Provee sustancias nutritivas, y aguanta las raíces para que la planta se sostenga. Aquí no tenemos ninguna tierra. Pero sí tenemos agua y sustancias nutritivas. Así que agregamos sustancias nutritivas al agua y cultivamos plantas de esa forma".

Catalina señaló la varilla de metal que sostenía cada planta. "Y como no hay tierra que aguante las plantas, ¿las varillas hacen esa función y ayudan a la planta a crecer recta hacia arriba?"

"Sí", dijo María. "La hidroponía es la mejor manera de cultivar plantas en el espacio. Después de todo, ¡sería muy difícil tener un terreno tan grande dentro de una estación espacial!"

"Todavía luce raro que las plantas crezcan en agua y no en tierra", protestó Catalina.

"Mira esto", dijo Daniel.

El grupo caminó hasta otra mesa llena de más tanques. Pero estos tanques estaban llenos de gravilla. "Éste es otro tipo de hortaliza hidropónica. En lugar de tener tierra, usamos gravilla o arena para sostener las plantas. Una bomba inunda la gravilla con agua y sustancias nutritivas para que las plantas crezcan".

"¿Cuál sistema es mejor?" preguntó Catalina.

"Ambos funcionan casi igual", le dijo Pedro. "El uso de la gravilla es mejor para cultivar muchas de las plantas que usamos para comer. Pero suspender las plantas en agua es la mejor manera de hacer experimentos".

Una vez más, Catalina estaba sorprendida. "¿Experimentos de plantas?"

"¡Seguro!" dijo María. "En realidad, Pedro y yo estamos haciendo un experimento aquí mismo". Señaló tres tanques hidropónicos. Las plantas en el primero y último tanques lucían mucho más saludables que las que estaban en el tanque del medio.

"Esas plantas no lucen muy bien", dijo Catalina, señalando el tanque del medio. "¿Qué sucede?"

"Las plantas en el primer tanque reciben agua destilada con sustancias nutritivas", explicó María. "El agua es limpia. Las plantas que lucen débiles y enfermas reciben agua reciclada de la lavandería. El agua usada se llama *agua gris.* Parece que el agua gris no es buena para el crecimiento de estas plantas".

"¿Qué pasa con el tercer tanque?" preguntó Catalina.

"Esas plantas también reciben agua gris. Pero el agua gris ha sido filtrada para purificarla. Queremos averiguar si al limpiar el agua puede resultar tan buena para las plantas como el agua destilada".

Catalina anduvo dando vueltas mirando los anaqueles en la pared. Estaban llenos de cajas de diferentes sustancias nutritivas. "¿Qué es todo esto?" preguntó.

"Esas son las sustancias nutritivas que le añadimos al agua", dijo Pedro. "¿Es como echarles fertilizantes a las plantas en la Tierra para que crezcan mejor?" preguntó Catalina.

"Exactamente", dijo María. "Los fertilizantes están llenos de sustancias nutritivas".

Catalina se estiró y tocó la hoja de una planta. "¡Qué bonita es! Nunca me imaginé que pudiera haber jardines en el espacio".

María salió rápidamente y entró después trayendo un tanque vacío del tamaño de una pecera. "Mira, Catalina", dijo. "Te ayudaremos a que empieces tu jardín hidropónico. ¡Puedes plantar lo que quieras!"

Catalina se sonrió por primera vez en muchos días. ¡Quizás la vida en Marte no va a ser tan diferente de la Tierra.

PREGUNTAS DE EXPLORACIÓN

■ **¿Cuáles son los distintos tipos de hidroponía que quizás se usen en el espacio?**

■ **¿Cuáles son las ventajas y desventajas de cada tipo de hidroponía?**

■ **Si vivieras en el espacio, ¿cuál sistema hidropónico usarías? ¿Qué plantas cultivarías?**

CONTESTAR PREGUNTAS CURIOSAS:
LANGOSTINOS

Langosta

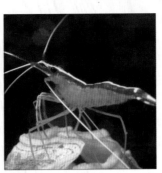
Camarón

Cangrejo

Langostino

¿Cómo crees que te sentirías si tu esqueleto estuviera por fuera del cuerpo? ¡La mayoría de los animales en la Tierra lo tiene así! Se le llama *crustáceos* a un grupo de animales que tiene el esqueleto por fuera. Las langostas, los camarones, los cangrejos y los langostinos pertenecen a los crustáceos. Un langostino tiene cerca de 5 a 12.5 centímetros (2 a 5 pulgadas) de largo. El langostino viene en diferentes colores. Pueden ser rojos, morenos o gris-morenos.

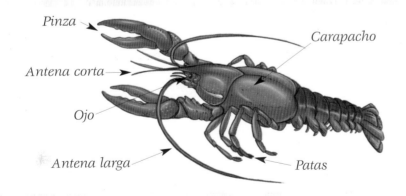

Pinza

Carapacho

Antena corta

Ojo

Antena larga

Patas

P: ¿Cómo es un langostino?

R: Un langostino tiene cinco pares de patas. El primer par, cerca de la cabeza, tiene pinzas fuertes. El langostino las usa para comer, defenderse de otros langostinos y esconderse en la tierra.

Un langostino tiene dos ojos. Están montados en tallos que nacen de la cabeza del langostino. Estos ojos pueden girar para ver en cualquier dirección. Tiene también dos pares de antenas en la cabeza. Estas antenas ayudan al langostino a detectar los movimientos y ubicarse.

El cuerpo de un langostino tiene una cubierta dura. Esta cubierta es un esqueleto externo llamado *dérmatoesqueleto*. Lo protege de daños, igual que una armadura protege al jinete en la batalla. El esqueleto de un langostino es muy diferente al tuyo. Tu esqueleto está dentro del cuerpo. A medida que tu cuerpo crece, también crece tu esqueleto. El esqueleto de un langostino está en la parte exterior de su cuerpo y no puede crecer. El langostino desarrolla un esqueleto nuevo y blando dentro del viejo y duro, entonces muda el viejo. Inmediatamente, el langostino crece con un esqueleto nuevo y blando. Después de unos días, el nuevo esqueleto se endurece. Este proceso se llama la *muda*.

El esqueleto del langostino puede desarrollar partes nuevas. Si se rompen las patas o las pinzas del langostino, crecerán unas nuevas la próxima vez que el langostino mude la piel.

P: ¿Qué comen los langostinos?

R: Los langostinos comen muchas cosas diferentes. Comen insectos, gusanos, babosas, huevos de ranas y peces pequeños. También comen plantas y animales muertos que encuentran en el agua. Esto ayuda a mantener el agua limpia.

Un langostino come sosteniendo su comida con una de sus pinzas del frente. Muerde pedazos de comida y entonces los traga.

Los langostinos no sólo comen. A ellos también se los comen. Muchos animales comen langostinos, incluyendo los mapaches, peces grandes, tortugas, serpientes y pájaros.

A las personas también les gusta comer langostinos. En efecto, este pequeño animal es una gran parte de la dieta de las personas. Esto es especialmente cierto en la parte sur de Estados Unidos. Hasta existen grandes fincas que crían langostinos para vender en tiendas y restaurantes. El langostino se puede cocinar de muchas formas diferentes. Se puede freír, asar o usar en estofados o cacerolas.

P: ¿Dónde vive el langostino?

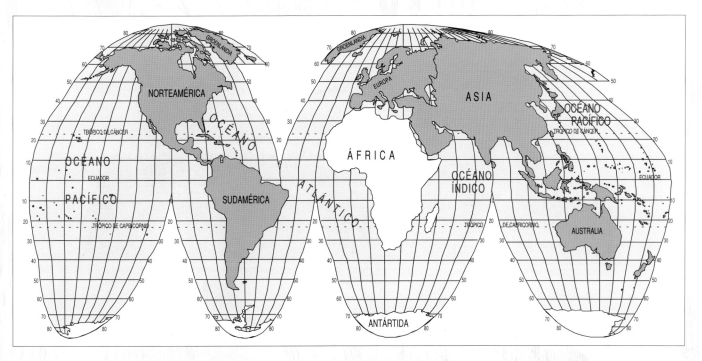

R: El langostino vive en todos los continentes, excepto en África y en Antártida. Hay 200 especies de langostino en Norteamérica.

Todos los langostinos viven en agua fresca. Los estanques y riachuelos donde el agua no es muy caliente ni muy fría, constituye un buen *hábitat* o lugar para vivir. El langostino vive en el fondo de los estanques o cerca de los bancos de riachuelos donde pueden encontrar refugio. Ellos se entierran en el fango, se esconden bajo las rocas o en las plantas.

Un langostino con otro nombre

¿Sabías que el langostino tiene muchos nombres en inglés? Le llaman *crawfish*, *crawdaddies*, *crawdads*, *crabs* y *mudbugs*. En latín, el langostino también tiene un nombre científico especial. Por ejemplo, a una clase de langostino que se encontró en Norteamérica se le llamó *Procambarus clarki*.

CICLO DE VIDA DEL LANGOSTINO

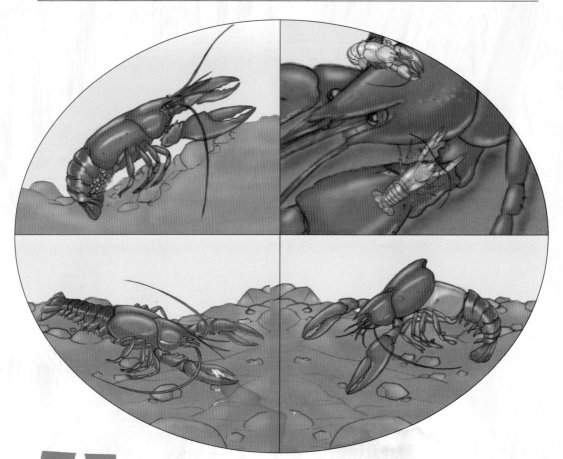

Un langostino comienza su vida como un huevo. Cuando sale del huevo, el langostino es muy pequeño. Pero está completamente formado y se ve igual que uno adulto. El langostino bebé permanece con su mamá durante 1 ó 2 semanas. Durante esas semanas, no se aleja mucho de su mamá. Si se asusta con algo, se mueve rápidamente para agarrarse a la parte de abajo de su mamá y protegerse. En 2 semanas ya mide 1 centímetro (media pulgada) de largo. Deja a su madre y se aparta para vivir independientemente. El promedio de vida de un langostino es de 3 a 8 años.

Los langostinos jóvenes crecen muy rápido. A medida que crecen mudan la piel a menudo y forman nuevos dérmatoesqueletos. Durante un día o dos después de mudar la piel, el nuevo esqueleto es suave. Debido a que un langostino con un esqueleto nuevo y suave es fácil para que un depredador lo agarre y se lo coma, el langostino se mantiene escondido.

Se esconde en el fango, debajo de las plantas o debajo de las rocas hasta que el esqueleto sea duro y fuerte.

Los langostinos llegan a tener el tamaño de un langostino adulto cuando tienen solamente 3 ó 4 meses de edad. Ellos pasan la vida en el fondo de los estanques o a la orilla de los bancos de riachuelos o arroyos. Un langostino escarba una cueva en el fango. ¡Sus hogares pueden medir hasta un metro (3.3 pies) de largo!

Aunque los langostinos viven en el agua, no son buenos nadadores. La mayor parte del tiempo, se mueven caminando con sus cuatro pares de patas detrás de las tenazas. El langostino puede moverse con sorprendente rapidez. Pueden ir hacia adelante, hacia atrás o para los lados. Si un langostino necesita escapar de un peligro, su cuerpo se precipita hacia atrás con un rápido latigazo de su cola. Si lo atacan, un langostino levanta las pinzas del frente para pelear. ¡Un pellizco de esas pinzas puede doler mucho!

Algunas veces, después que el macho y la hembra se aparean, la hembra pone cientos de huevos. Estos huevos no se quedan en un nido. Por el contrario, se pegan a los apéndices abdominales debajo del cuerpo y la cola de la hembra y así los lleva. Cuando los huevos se empollan, nace una nueva generación de langostinos.

La historia de un langostino, desde los huevos hasta que crece y produce nuevos huevos, es una historia que se repite una y otra vez. A esta historia los científicos le llaman el *ciclo de vida* del langostino.

Un langostino con las pinzas en alto

VIAJE DE UN CARACOL DE TIERRA

El caracol de tierra quería encontrar un nuevo hogar. Necesitaba un hogar que fuera frío y con lugares húmedos para esconderse. El nuevo hogar también tenía que tener hojas y plantas para comer.

El caracol salió una mañana fresca de primavera, antes de que saliera el sol. La yerba estaba húmeda del rocío. El caracol se movía usando un "pie" muscular que le sale de la barriga. Mientras se arrastraba por el terreno, el caracol dejó un rastro de baba mucosa. Esta baba mucosa ayuda al caracol terrestre a deslizarse por la tierra.

A medida que el caracol se arrastraba, salió el sol lentamente en el cielo. De repente, un pájaro descendió. Con rapidez el caracol escondió el cuerpo en su concha dura. Sentía el pico del pájaro dando contra la parte de arriba de la concha, pero el pájaro no pudo romperla. Pronto el pájaro se fue volando. Cuando ya estaba seguro, el caracol sacó la cabeza y las patas de la concha y siguió su viaje.

Pronto el sol calentó, y la yerba comenzó a secarse y calentarse. El caracol terrestre no podía quedarse en estas condiciones. Si así lo hiciera, el cuerpo se le secaría y moriría.

El caracol de tierra se arrastró hasta encontrar sombra debajo de un árbol. Se encontró algunos hongos que habían crecido donde la tierra estaba fría y húmeda.

El caracol se colocó debajo de un hongo, metió su cuerpo dentro de la concha y descansó.

Cuando de nuevo sacó la cabeza de la concha, ya estaba oscuro y el aire estaba fresco. El caracol se arrastró hasta encontrar algunas hojas. Entonces, con la lengua comenzó a lamer las hojas. Miles de dientes afilados, que tiene en la lengua, trituraron los pedacitos de las hojas que tragó.

El caracol viajó durante muchos días buscando su nuevo hogar. Por lo general, viaja temprano en la mañana o durante la noche. Los días nublados también son buenos porque el sol no calienta tanto el caracol. Pero además del sol hay otros peligros por los cuales preocuparse.

Una noche, un mapache trató de comérselo. Le pegó al caracol con la pata. Enseguida éste se introdujo en su concha. El mapache agarró el caracol y lo movió para tratar

que el animal saliera. Pero un músculo muy fuerte lo sostuvo a la concha. Después de un rato, el mapache se dio por vencido.

Por fin el caracol se arrastró hasta un huerto. Encontró plantas de muy buen gusto para comer. Había varios lugares húmedos para esconderse, como las raíces de un árbol de sombra, un área de muchos hongos y un montón de rocas. Las salamandras estaban escondidas debajo de las rocas, y las ranas de yerba saltaban por todo el jardín. Los gusanos de tierra hacían túneles en la tierra, haciendo un buen lugar para que las plantas crecieran. Los escarabajos se arrastraban por la tierra. El caracol se acomodó debajo de una hoja y empezó a comer. ¡Por fin encontró su hogar!

Dentro de la concha de un caracol

¡Un caracol tiene muchas de las mismas partes del cuerpo que tú, pero en diferentes lugares! Sus dientes están en la lengua. La lengua dentada de un caracol se llama *rádula*. ¿Sabías que la boca de un caracol está en el pie? ¡Y el hueco para respirar está al lado de donde expulsa su desperdicio!

Un caracol de huerto común

Un caracol tiene varios tentáculos en la cabeza. Tiene los ojos al final de dos tentáculos largos. Un caracol de tierra no tiene muy buena vista, pero sí puede distinguir la luz de la oscuridad.

El caracol de tierra también usa sus tentáculos para percibir el ambiente que la rodea. Los detectores de olores en los tentáculos ayudan al caracol a encontrar su comida y además, saber si tiene otros animales cerca.

El pie del caracol está cubierto de unos pelitos muy pequeños llamados *cilios*. Esto ayuda a que el pie agarre el terreno. Una glándula especial en el pie del caracol produce una estela gruesa de mucosidad que lo ayuda a moverse.

La concha dura le sirve para protegerse del depredador. Además, le brinda un lugar seguro para permanecer cuando afuera hay calor y está seco. La concha se hace más gruesa y dura a medida que el caracol crece. Se enrolla alrededor del cuerpo del caracol a medida que ésta crece.

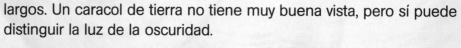
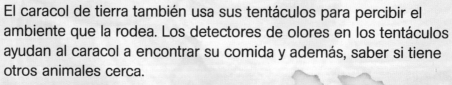
Concha enjoyada del caracol

Datos básicos del caracol de tierra

▦ Los caracoles tienen conchas. Sus familiares más cercanos, las babosas, no las tienen. La concha es la única diferencia entre estos dos tipos de criaturas.

▦ Los caracoles de tierra son parte de una familia llamada *gasterópodos*. Esta palabra viene de dos palabras del griego que significan "pie de barriga".

▦ ¡La lengua de un caracol puede tener hasta 150,000 dientes!

▦ Los caracoles producen una baba que los ayuda a moverse.

▦ Un caracol aumenta su carapacho añadiendo material nuevo a la abertura del carapacho.

▦ Hay alrededor de 40,000 tipos diferentes de caracoles.

▦ Los caracoles viven en la tierra y en el agua.

▦ El caracol de tierra más grande se encuentra en África. ¡Su carapacho mide casi 27.5 centímetros (11 pulgadas) de largo!

▦ La mayoría de los caracoles de tierra es a la vez macho y hembra. Eso significa que cualquier caracol puede fertilizar los huevos de cualquier otro caracol.

▦ Los caracoles ponen alrededor de 30 a 50 huevos pequeñitos en un hueco. Como los caracoles no se quedan para proteger los huevos, muchos se los comen los insectos.

▦ El carapacho de un caracol crece por los dos primeros años de su vida. Después, el carapacho puede tener cuatro o cinco enrolladuras.

▦ ¡Los caracoles son diestros o zurdos! Si el carapacho de un caracol se enrolla hacia la derecha, es diestro. Un caracol zurdo tiene el carapacho enrollado hacia la izquierda.

Conchas de caracoles

▦ La mayoría de los caracoles vive cerca de 3 ó 4 años.

▦ Los caracoles invernan en el invierno. Ellos sellan las aberturas de sus conchas con unos tapones gruesos de mucosidad para mantenerse mojados mientras duermen.

LOS LANGOSTINOS, LOS CARACOLES Y LOS NIÑOS

¡Hay muchas semejanzas entre el langostino, el caracol y tú! También hay muchas diferencias. Vamos a ver cuáles son las semejanzas y cuáles son las diferencias.

ESQUELETO

El esqueleto de un langostino está en el exterior de su cuerpo. Lo protege de los depredadores y otros peligros. Este dérmatoesqueleto no crece con el langostino. Para crecer, el langostino tiene que mudar su carapacho cuando ya es muy pequeño. Un langostino también puede reproducir una nueva pata o pinza si la vieja se rompe.

El caracol también tiene una concha externa que lo protege de los depredadores. La concha del caracol también se desarrolla con el cuerpo del caracol durante los 2 primeros años de vida. El caracol nunca tiene que mudar su concha. Si la concha del caracol se quiebra o rompe, no le crece una nueva.

Tu esqueleto está dentro del cuerpo. Te ofrece la estructura que le da la forma a tu cuerpo, protege los órganos internos y te permite moverte. Tu esqueleto sigue creciendo contigo. Tú no puedes reproducir un brazo o una pierna, pero si se te fractura un hueso, por lo general se forma un nuevo tejido en el hueso que cura la fractura.

ÓRGANOS INTERNOS

Los langostinos, los caracoles y los humanos tienen un corazón que bombea la sangre. Todos tienen un estómago para digerir la comida y glándulas para expulsar los desperdicios.

Los humanos y los caracoles que viven en tierra tienen pulmones para respirar aire. Los langostinos usualmente viven en el agua. En lugar de usar pulmones para respirar, obtienen el oxígeno del agua por medio de las agallas. Las agallas están metidas dentro del carapacho donde se agarran las patas al cuerpo.

¿Qué estructuras son similares entre los humanos, los caracoles y los langostinos? ¿Cuáles son diferentes?

MIEMBROS

Los langostinos tienen cinco pares de patas. Pueden caminar rápidamente en cualquier dirección con cuatro de esos pares. Esto los ayuda a moverse por el fondo de los estanques o arroyos para buscar comida y evitar a los depredadores. El quinto par de patas, localizado cerca de la cabeza, tiene pinzas grandes. Estas pinzas se asemejan más a los brazos que a las patas. Los langostinos las usan para agarrar la comida y defenderse de los depredadores.

Los caracoles no tienen brazos ni patas. Un caracol se mueve con un pie muscular que tiene debajo del cuerpo. Este pie le permite al caracol arrastrarse por casi cualquier superficie.

Los humanos tienen dos piernas para caminar, correr o encaramarse. Tienen dos brazos para agarrar y llevar las cosas.

LA CADENA ALIMENTICIA

Para sobrevivir, cada animal depende de otros animales o plantas. Cada cosa viviente necesita energía para sobrevivir. El sol brinda energía a las plantas. Los animales obtienen energía comiendo plantas y otros animales. Esta red se llama la *cadena alimenticia*.

Una cadena alimenticia comienza con la energía que el sol les da a las plantas. Las plantas son la fuente primaria de alimento en la cadena alimenticia. Proveen energía a los *herbívoros*, animales que comen plantas. Pero a los herbívoros se los comen los *carnívoros*, o comedores de carnes. El diagrama muestra un modelo de la cadena alimenticia.

Los langostinos, los caracoles y los humanos también son parte de la cadena alimenticia. Los humanos comen animales, como pollos, cerdos, ganado y pescado. Las personas que no comen carne o pescado, comen plantas como son los vegetales, las frutas y los granos.

Los langostinos y los caracoles son fuentes alimenticias para los humanos. En efecto, tanto los langostinos como los caracoles se crían en fincas que proveen alimento para los seres humanos del mundo.

Un modelo de la cadena alimenticia que incluye a los langostinos

PREGUNTAS DE EXPLORACIÓN

- ¿Puedes describir o dibujar un grupo de animales de la cadena alimenticia?
- ¿Puedes mencionar otra cadena alimenticia?
- ¿En dónde te puedes colocar en la cadena alimenticia?

UN ENCUENTRO CASUAL

LANGOSTINO: Oye, Caracol, ¿cómo estás esta noche?

CARACOL: Tuve un día difícil. Hoy los niños me estaban observando hacer todas las cosas.

LANGOSTINO: ¿Quieres decir que tuviste que experimentar con los niños? ¡Qué divertido!

CARACOL: ¿Tú crees divertido que te agarren y te lleven por dondequiera? Primero, me pesaron y me midieron para ver mi largo. Entonces me hicieron halar estos aros plateados para ver cuán fuerte soy. Después de esto, me colocaron en un pupitre y escribieron cuánto tiempo me llevó arrastrarme de un extremo al otro. ¡Estoy agotado! Todo lo que quiero hacer es comer lechuga e irme a dormir.

LANGOSTINO: ¡No te quejes tanto! A los niños también les gusta observar lo que yo hago. No es tan malo. ¡De todas formas, estamos haciendo un trabajo importante!

CARACOL: ¿Estás seguro?

LANGOSTINO: ¡Seguro! Estamos ayudando a estos niños a ser científicos. Cada actividad les ayuda a aprender. Y mientras más personas sepan de nosotros los animales y cómo vivimos, más querrán cuidar este planeta y mantenerlo agradable para la vida.

CARACOL: Nunca lo vi de esa manera. Esta clase es un buen lugar para vivir. Siempre tengo comida en abundancia.

LANGOSTINO: Y me gusta como los niños limpian nuestros tanques y nos dan agua fresca.

CARACOL: ¡Después de todo, ésta no es una vida tan mala!

Ciclo de vida La secuencia de cambios por los que pasa un organismo a medida que se desarrolla de su más temprana etapa hasta producir la misma etapa en la próxima generación.

Cotiledón La parte de la semilla que alimenta la semilla germinada.

Crustáceo Una clase de animal mayormente acuático con carapacho duro y flexible, patas con coyunturas y dos pares de antenas.

Cubierta de la semilla La cubierta exterior de una semilla.

Dérmatoesqueleto La cubierta dura y externa de algunos animales que los sostiene y protege.

Embrión La planta no desarrollada dentro de una semilla.

Estructura Cualquier parte identificable de un organismo.

Fruta Una estructura de una planta en la cual se encuentran las semillas.

Germinación El comienzo del desarrollo de una semilla después de un tiempo de letargo o descanso.

Hábitat Donde naturalmente vive un organismo.

Hidroponía Cultivo de plantas sin tierra en una solución de sustancias nutritivas en agua.

Langostino Un animal de agua fresca que tiene un carapacho duro y pinzas prominentes.

Muda El proceso mediante el cual el langostino se desprende del carapacho exterior para poder crecer.

Raíz La parte de la planta que crece debajo de la tierra. Las raíces ofrecen sostén y absorben el agua y las sustancias nutritivas.

Semilla La parte de una fruta que contiene la planta no desarrollada, o embrión.

Sustancia Nutritiva Un material usado por un organismo vivo que lo ayuda a crecer y desarrollarse.

Tallo Cualquier tallo que sostiene las hojas, flores o frutos.